CHEMISTRY DETECTIVE KING

化学侦探王
博物馆

吴殿更 著

湖南教育出版社

·长沙·

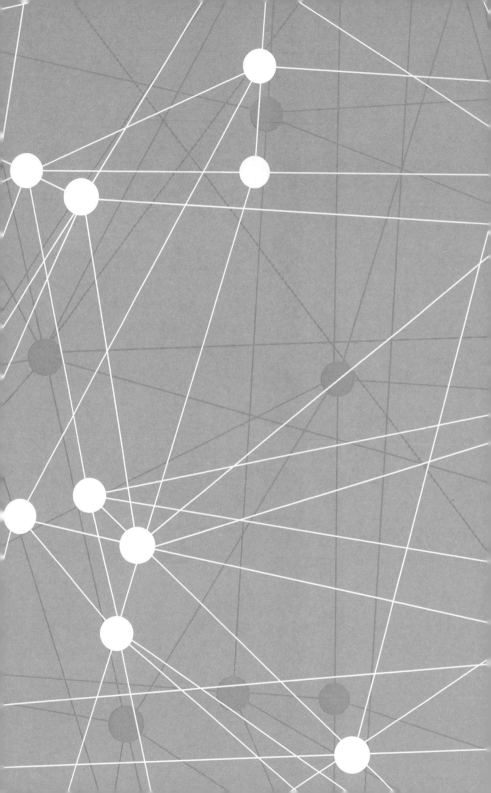

故事发生在H市，这是一个美丽的海边小城。主人公路建平、申筝奕和尤勇齐都是H市中学八年级（3）班的学生。他们因为联手解开了学校里的几个谜团，被同学们称为"少年侦探团"。上学期间，他们遇到了一个又一个离奇的案件，也由此开启了一段段惊险刺激的"破案之旅"。

人物档案

路建平

少年侦探团成员。受父亲的影响喜欢研究化学，擅长透过表面现象分析事物本质。

申笨奕

少年侦探团成员。希望长大后当警察。古灵精怪的小脑袋里总有一些奇思妙想。

尤勇齐

少年侦探团成员。别看他头脑好像不灵光，却经常可以在关键时刻误打误撞得到一些意外收获。

目 录
CONTENTS

盛夏的周末 1

这是一个盛夏的周末，街边的柳树上传来夏蝉**有气无力**的叫声，像是在声讨难耐的高温。燕归园是滨海大学的家属院，小区的封闭式管理让这片住宅楼即使在周末，也有着难得的静谧。

"咚咚咚"，一阵敲门声响起，惊飞了正在电线上**闭着眼打盹**儿的几只麻雀。楼道里，路建平打开家门，申筝奕突然从门后窜了出来："早啊，化学家！"她清脆的笑声仿佛把夏天的燥热都赶走了几分。

路建平早已习惯了申筝奕的古灵精怪，摘下挂在门旁的书包，回头和妈妈道了声再见，便出门了。

申筝奕因为恶作剧没有得逞**悻悻地**耸了耸鼻子，跟路建平的妈妈打了个招呼，就去追他了。

电梯前，路建平一边**气定神闲**地等电梯，一边问："尤勇齐呢？又睡过头了？"

申筝奕耸了耸肩，做了一个无奈的表情："他说马上就到燕归园门口。你还不知道他吗？没睡过头才是太阳打西边出来了。"

路建平**深以为然**地点了点头。两个人坐的电梯到了一楼，随着电梯门缓缓打开，带着睡意的尤勇齐出现在门口。

看到两个伙伴已经**整装待发**，他用一只手挠着后脑勺嘿嘿一笑："我没来晚吧？"路建平和申筝奕对视一眼，露出一副"这人没救了"的表情，故意**目不斜视**地从尤勇齐身旁走过，尤勇齐连忙追了上去。

三个人志趣相投，没事儿就凑在一起。最近H市博物馆正在更换展品，暂时闭馆。路建平和申筝奕曾多次在这家博物馆当志愿讲解员，与张馆长很熟悉，这次便想拜托他，能让自己再当志愿者帮忙布展。尤勇齐得知这个消息，也要跟着去凑热闹。

已经到了8月，大太阳明晃晃地挂在天上，刚出居民楼，一股股热浪便扑面而来。三人一路小跑地进了地铁站，才终于在空调的凉气里松了一口气。他们脸上都挂着汗，申筝奕左右张望了一下，找到了一台自动贩售机。她快步走过去打算买点水喝，尤勇齐也跟了过去。

路建平找了张长椅坐下，从包里掏出一本书看了起来。申筝奕、尤勇齐带着水回来时，路建平已经完全沉浸在书中世界。申筝奕随手拿出一枚书签走过去，放在了路建平还没来得及翻过去的那一页上。突然出现在眼前的书签闪着金光，成功把路建平的注意力拉回到了现实世界。

"看！地铁快进站了！"申筝奕指了指显示屏对路建平说。看到尤勇齐早就**跑过去**排队了，路建平一边揉了揉有些发酸的眼睛，一边起身跟着申筝奕排在了尤勇齐身后。

申筝奕笑着问道："什么有趣的内容，你看得这么入神？"路建平对她说："这本书讲的是与强酸混合物有关的故事，我觉得很有意思。"

"强酸是什么？"申筝奕好奇地问道。

"强酸是指在溶液中能完全**电离的酸，它们是具有强烈刺激和腐蚀作用的化学物质**。在我读的这个故事里，有一种叫'王水'的化学物质，就属于强酸。"路建平笑着回答。

"是吗？是什么故事，快给我们讲讲。"尤勇齐很感兴趣地**竖起了耳朵**。

"在 1940 年的时候，希特勒指挥的德军洗劫了哥本哈根的尼尔斯·玻尔研究所的化学实验室，有一个叫乔治的匈牙利化学家为了保护两位**获得**了诺贝尔奖章的德国科学家，想出了用王水溶解金质奖章的办法。他将奖章溶于王水中，放在玻璃罐里。这个罐子和其他瓶瓶罐罐一起被放在架子上，德国士兵看都没有多看它们一眼。德国士兵没有看到奖章，也就没有办法确定两位科学家的身份，他们就此躲过了一劫，被成功地保护了起来。"

路建平停顿了一下，接着说道："书上的故事就到这里了，不过王水可没这么简单。"

聚精会神听故事的申筝奕一脸的**意犹未尽**："王水也太厉害了，黄金都能溶解！"

尤勇齐却把注意力放在另一件事情上，他挠了挠头问："化学家，王水到底是什么啊？"

"王水是将浓硝酸与浓盐酸按照体积比 1:3 的比例混合形成的强酸。"路建平解释道。

这时，地铁轰隆隆地进站了，三个人赶紧进了车厢。地铁里人山人海的，他们被挤得七荤八素。终于到了站，他们好不容易才挤下了车。

三个人齐齐长出了一口气，申筝奕说："赶紧走吧，希望看到博物馆的新展品，能弥合我挤地铁的心灵创伤。"路建平耸了耸肩，拍了拍尤勇齐，两个人也快步跟了上去。

路建平对科技很有研究，申筝奕涉猎广泛，加上尤勇齐时不时的插科打诨，三个人一路边走边聊，很快就来到了 H 市博物馆。

他们是博物馆的常客，路建平和申筝奕假期还经常来做讲解员，对博物馆很熟悉。刚一进门，路建平便觉得今天博物馆里有些不太一样，似乎弥漫着一股特殊的气味。

他还没来得及细想，博物馆里的大钟便响了起

来，**悠扬**的钟声一声比一声浑厚，响了十下之后，**余音**渐渐散去。路建平忍不住看了一眼手表，已经是上午十点整了。

他们又往里走了一段路，前方转角处隐约地传来争执声。路建平还没来得及反应，申筝奕就一溜烟儿地跑过去了。

蝉是怎么叫出声的?

只有雄蝉才能够发出叫声。雄蝉的发音器在腹基部，叫声鼓，像蒙上了一层鼓膜的大鼓，鼓膜受到振动而发出声音。声鼓外有盖板保护。由于盖板和鼓膜之间是空的，能起共鸣的作用，所以发出来的声音特别响亮。雄蝉每天唱个不停，是为了博得雌蝉的青睐。

消失的胸针 2

"……怎么能不见了呢？这枚黄金胸针可是这次新展品里最重要的一件！"

"我也不知道，昨天运来的时候都还好好的，刚才去布展就不见了。"

"监控查了吗？"

"我已经在排查监控了，大概半个小时就能出结果。要报警吗？"

"……再等等，实在找不到再报警吧，咱们这场展览太重要了，要尽量把影响降到最低。"

走到近前，路建平才发现对话的双方自己都认

识，一个是时常来家里做客的馆长张知秋伯伯，另一个是自己做志愿讲解员时负责带他的"师父"——杜兰。杜兰是一位**学识渊博**的历史系博士，不知道为什么要来这里做一名薪水很低的讲解员。

此时张馆长正急得**满头大汗**，即使博物馆里的温度比外面低，还是能从他的衣服上看到一片又一片汗湿的痕迹，他深蓝色的衬衫上还有一些地方有着白色的污渍。

"得让张伯伯多喝点水，他流了这么多汗，不喝水可不行。也不知道他这是去哪干活儿了，衣服上蹭了这么多墙灰。"申筝奕看见路建平跟上来了，低声说。

"这不是墙灰，是盐。现在张伯伯衣服上的汗水差不多可以叫作饱和溶液了。"路建平悄悄解释。

"饱和溶液？"申筝奕轻轻重复了一遍。

"**饱和溶液**就是在一定温度下，一定量的溶剂中不能再继续进行同种物质溶解的溶液。就像张伯伯衣服上的汗水，水分蒸发，汗水中的盐分不能继续溶解，才留在衣服上的。"路建平说。

这会儿，尤勇齐已经和张伯伯他们聊起来了，路建平也依次打了招呼："张伯伯好，杜兰姐好。"

张馆长知道这几个小家伙儿的侦探事迹，上前一把拉住路建平的手，压低声音说道："建平，伯伯知道你破了很多案子，你的小伙伴们也都很厉害。这次你们可要帮帮伯伯呀！要是展品真丢了，这次展览就办不成了！"

路建平安抚地回握住张伯伯的胳膊，说："您先别着急，到底是什么丢了？我们帮您找找。"

张馆长也意识到自己有些失态，于是他定了定神，开口说道："这次博物馆换展品，是近几年规模最大的一次了。这枚名为'生命之树'的黄金胸针是最重要的展品之一。今天下午闭馆结束，两点就要正式开展，本来要放在新展C位的，但是半个

小时之前杜兰去待展库盘点时，发现放胸针的展台是空的。我们不想把事情闹大，找了个理由把员工们集中在休息区，结果找了半个小时还是没有找到。"

路建平*缓缓地*点了点头，继续追问："那么，最后一次看到这枚胸针的人是谁呢？具体的时间和原因又是什么呢？"

张馆长叹了一口气："原本昨晚应该是杜兰和保安队长陈禹两个人一起去查看的，但是博物馆最近人手比较紧张，陈禹还要巡馆，所以是杜兰一个人去的。她应该是最后一个见到'生命之树'的人。"

"昨天下午 3 点 20 分的时候，最后一批展品被送到馆里，因为这是最重要的一批，所以我提前二十分钟就开始等了。有几个展架要现场焊接，我还特意看了一下时间，所以记得很清楚。"张馆长**细细地**回忆道，"卸完车之后，我又仔细检查了一遍，工人送到待展库也是我跟着的。大概五点半左右，所有的展品就都在待展库安放好了。"

路建平转头看向杜兰，刚好迎上了她的视线。路建平发现杜兰的眼睛红得很厉害，看起来像发炎了，或者刚刚哭过。

杜兰微笑着，平静地点了点头："嗯，馆里六点开始清场。我昨晚清场后又去待展库检查了一遍，所有待展的展品都还在。我出来的时候刚好还碰见了陈禹巡馆，具体时间就记不太清了。"

路建平闻言**若有所思**，他点了点头，和张馆长说："张伯伯，我觉得**当务之急**是先封闭博物馆，暂时不要有人进出了。今天是闭馆日，胸针很有可能还在馆内。"

张馆长眉头皱成一个"川"字，他何尝不是这

休息区

么希望的，可一直找到现在依然一无所获。

张馆长无奈地点头："好吧。我并没有把失窃的事情告诉大家，他们还在休息区等着呢。"

路建平三人对视一眼，如果是这样的话，情况应该还不算太糟糕。申筝奕对张馆长说："张伯伯，我们先四处看一下，您也休息一会儿。"

张馆长长叹一声，点了点头，说："建平，你先尽可能帮伯伯找一找，实在不行的话，只能找沐兰来了。要是真走到报警这步，这场展览无论如何都得取消了。"张馆长愁眉不展，像是突然老了十岁，步履蹒跚地走向了休息区。

路建平对博物馆很熟悉，他在脑海里慢慢勾勒出一张平面图，他们在展厅西北角，左转经过卫生间，再左转就是待展库的位置。他将路线告诉了另外两人，尤勇齐自告奋勇地打头阵。路建平从书包里掏出手套递给他，又分了一副手套给申筝奕，三个人朝着待展库的方向走去。

越往前走，路建平的眉头皱得越厉害，就连一贯神经大条的尤勇齐也察觉到了不对。嗅着空气中的奇怪气味，尤勇齐有些不满地嘀咕了一句："这是什么味道啊，真**刺鼻**。"

经过卫生间时，这种味道**浓郁**得几乎要把他们的眼泪都呛出来了。路建平和申笨奕不约而同地停下了脚步。走在前面的尤勇齐见没人跟来，赶紧往回寻落下的两人。还没来得及问是怎么回事，就见路建平一副**如临大敌**的架势。

路建平从书包里又找出口罩和护目镜，一边戴上一边嘱咐申笨奕和尤勇齐也做好防护。准备好后，他伸出手，缓缓地握在了卫生间的门把手上，准备打开门一探究竟。

你了解汗液吗?

汗液是汗腺分泌的液体,主要成分为水分,最重要的功能是散逸人体多余的热量,从而使体温保持恒定。出汗还有一个重要作用,那就是润肤美容。正常人皮肤表面汗液与皮脂腺分泌到体表的油脂会形成一层乳化膜,防止体表水分流失,从而使皮肤光滑润泽。出汗还能促进消化、睡眠,排出一些代谢废弃物。

汗液是无色透明且没有臭味的,但是被皮肤常见的细菌分解后,就会出现臭味。

古怪的气味 3

"建平?"正在这时，一个带着疑惑的声音从走廊右侧传来。三人循声望去，发现是讲解员杜兰。刚才张馆长去休息区的时候，杜兰也跟着离开了，此时不知为什么又绕了回来。

"杜兰姐！"路建平换了一只手，仍然**小心翼翼**地握住卫生间的铜质门把手，转身看向杜兰。

"建平，你们要用卫生间的话，休息区那边会更方便一些。"杜兰指了指紧闭的卫生间门，"这个卫生间早上的时候堵了，清洁工锁着门修了一上午，现在还不能用呢。"

路建平听到杜兰的话，悄悄地用力按了按，发现门果然是锁住的，这才缩回了手。

申筝奕眼珠转了转，顺着杜兰的话问道："还好杜兰姐你告诉了我们。只是现在是闭馆期间，卫生间怎么还会堵呢？"

杜兰摇了摇头说道："我也不太清楚，早上我看到清洁工正在男卫生间疏通管道。他用来疏通下水道的清洁剂味道闻起来很呛。我只是打了个照面，就被熏得半天都没缓过来。"

"就算是一会儿修好了，我劝你们也先别用这个卫生间，让味道散一散。"

申筝奕使劲点了点头："可不是嘛，杜兰姐，这味道现在都让我脑袋疼。刚才你不是和张伯伯一起去休息区了吗，怎么过来了？"

"我看你们往待展库这边来，就想过来给你们带路。最近刚装修过，我怕你们找不到。"

"我们正好还没过去呢，谢谢杜兰姐啦。"申

筝奕像是**突然**想起来什么，**不经意**地问，"对了，杜兰姐，我们忘了和张伯伯拿钥匙，待展库的钥匙你知道在谁那里吗？"

这话一出，路建平一边悄悄注意杜兰的反应，一边在心里给申筝奕点了个大大的赞。自己正愁怎么**不露痕迹**地问一问这件事呢。

"正巧，待展库的门禁卡在我这儿呢。"杜兰温和地笑着，"上次装修时，这里的安保门禁都换成磁卡了，用起来方便。"

从目前的线索来看，路建平觉得嫌疑最大的其实就是杜兰。第一是作案时间，昨晚最后看到胸针和今早发现胸针失窃的都是她；第二是作案条件，待展库的门禁卡在她这里保管，所以她随时都能进入案发现场。

此时，路建平忽然想起一件事。去年，他们三个人来博物馆做志愿者的时候，有一天晚上，路建平发现自己的耳机忘在了博物馆，于是返回去找，

恰好看到自己这个名义上的"师父"还在博物馆里面。当时路建平很奇怪，就问她为什么这么晚还不回去。杜兰只是笑了笑，说自己正在写一篇论文，所以向馆长申请这几天住在博物馆里值班。路建平也就没有在意。

不过这件事和"生命之树"胸针的失踪看起来也没有必然的联系，而且到目前为止，并没有什么直接指向杜兰的线索。路建平沉思了一下，还是打算看完现场再做定夺。

"到了。"杜兰柔和的声音让路建平从沉思中回过神儿来。只见她拿出磁卡刷开门禁，深灰色的大门缓缓地收进墙体。杜兰自己先走了进去，路建平三个人随后跟上。

进入待展库入口，一条长走廊把库区分成左右两个部分。左侧几间库房存放着长期展示的展品，用A1、A2、A3排序，按照年代顺序进行标注。右侧则是中转区，用B1、B2、B3来排序，按照具体

的展出场次进行标注。这次展会的展品，就是放在右侧的第三间，也就是 B3 库房。

杜兰很快走到了 B3 库房门口，她刷开了门禁，路建平叫住了她，笑着说道："杜兰姐，我们三个进去就行了，不然容易破坏现场。"

杜兰的脸上浮现出一丝犹豫，虽然转瞬即逝，但还是被一直注意着她的路建平捕捉到了。

紧接着，杜兰点点头，有些不自然地问："那我在这里等你们吧！出去还是要刷卡的。"

尤勇齐这时候突然出声："不用那么麻烦，杜兰姐，你把卡给我们用一下就行了，张伯伯肯定会同意的！"

杜兰还有些犹豫，申笋奕凑过来，笑着说："是啊，杜兰姐，刚刚我听你说还得排查监控呢，这边我们自己调查就行，你快去忙吧！"

听到他们都这么说，杜兰只得把卡交给了路建平。三个人穿上鞋套，**全副武装**地转身进了 B3 库房。

一进到 B3 库房，三人就不约而同地皱起了眉头，那股若有若无的味道还是萦绕不去。

"我担心这是刺激性气体，大家一定不要摘掉口罩，做好防护！"路建平提醒道。

"刺激性气体？"尤勇齐问。

"刺激性气体是指对呼吸道黏膜、皮肤和眼睛具有刺激作用的一类有害气体。"路建平耐心解释。

尤勇齐**偷偷往外瞄**了一眼，然后低声说："接下来咱们要做什么？"

路建平没有马上回答。他先把门禁卡反复仔细检查了一番。这个门禁卡很新，上面有几道不太明显

的划痕，除此之外，只有一面的右下角处有一排编号。

ABCD1234

路建平抬头打量了一下库房，整个 B3 的布局一览无余，最中间的展柜空着，显然就是之前摆放"生命之树"胸针的地方。周围的几个展柜内是各种宝石首饰，所有展品都完好无损地躺在展示架上，每个架子前面都有展品的相关介绍。

"先四处找一找，看看有没有可疑的地方。"路建平一声令下，三个人各自查看起来。

"哎哟！"身后的尤勇齐惊呼一声，路建平和申笨奕有些无奈地转头。这个活宝被地上的电线绊了一跤，正坐在墙角揉自己的屁股呢。

即使戴着口罩，也能看出他龇牙咧嘴的表情。

路建平哭笑不得，几步走过去拉住尤勇齐的一只手，打算把他拉起来；申笋奕也走到了另一边想要帮忙，正当她抓着尤勇齐的手准备用力拉他的时候，却突然愣住了。她随即松开了手，蹲在旁边仔细查看着什么。

"路建平，你快过来看地上是什么。"

尤勇齐做好了被拉起来的准备，结果自己刚一用力，手上就落了空，刚抬起来的屁股又摔到了地上。他看了看已经凑在一起不知道在看什么的队友，只能自认倒霉，一个翻身加入了查看的阵营。

尤勇齐凑近一看，只见一个焦黑色的小圆点出现在库房左侧的地毯上，它的边缘还有黄褐色的焦痕。路建平掏出手机拍下照片，又打开手电筒照了照，进一步确认细节。

"是污渍吗？"申笋奕没有伸手去摸，而是谨慎地问道。

"不是，这是被腐蚀的痕迹，已经漏了一个洞

了。"路建平肯定地说道。

"什么是腐蚀?"尤勇齐好奇地问道。

"**腐蚀就是通过化学作用,使物体逐渐消损、破坏**。"路建平回答说,"而且露出的地面也凹凸不平,可以看出留下这个痕迹的东西腐蚀性很强。"路建平又拿着手电筒仔细照了照,对比了一下没有铺地毯的区域。

"我觉得这个痕迹留下的时间不会太久。"申筝奕默默地观察了一会儿,说出了自己的看法,"按你所说,留下这个痕迹的东西腐蚀性很强,那小洞周围的地毯肯定也受到了影响,一定会比其他地方更容易磨损或者脱落。但这个小洞周围的纤维,哪怕是

带着黄褐色的腐蚀痕迹的部分，也都保存得很完整，所以一定是新留下的！"

路建平和尤勇齐**恍然大悟**，两个人都点了点头，尤勇齐对申筝奕说："'正义姐'的推理能力，真不是吹的！"

"待展区怎么会有带腐蚀性的东西出现呢？工作人员就不怕损坏了这些展品？"路建平觉得这件事很不寻常，脑海里好像有一根线，却怎么都抓不住。

申筝奕也习惯了路建平在分析案件的时候神游天外，她耸了耸肩，继续去寻找其他线索。

过了一会儿，申筝奕大喊起来："你们俩快来看！"

路建平和尤勇齐连忙走了过去，原来她发现了"生命之树"的介绍卡片。

尤勇齐**一边看一边慢慢**读了起来："'生命之树'黄金胸针，也被称为黄金之叶，二十五年前出土于北方遗址，为伦琴王朝王室殉葬品。胸针主体为黄金打造的一棵树，叶片外沿带有卷轴样式的设计。胸针宽 14.2 厘米，高 8.3 厘米，厚 0.8 厘米，重 86 克，以规格大、工艺繁复精美著称，曾两次在 H 市博物馆展出。"

"也就是说，这已经是这枚胸针第三次来 H 市了，对吧？"申筝奕若有所思地问道。

"从介绍来看应该是。不过我也不太确定，之前做志愿者的时候是否看到过这件展品。"路建平皱起眉头努力回想着，"不过去年咱们来做暑期志愿者也差不多是在这个时候，好像有一场展会刚刚结束，只是当时忙得昏天黑地的，没有特别留意具体的展品。"

就在这时，申筝奕忽然指着空空如也的展台说道："这个展台看着像是新的，上面怎么会有划痕呢？"

路建平定睛一看，果然，展台上有几道细细的划痕，不仔细看很容易忽略，这划痕看起来有点眼熟。路建平眨了眨眼睛，没有说话。

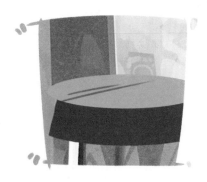

尤勇齐没心没肺地把手往路建平肩膀上一搭，笑着说："依我看，咱们申筝奕的这双眼睛简直是**火眼金睛**！"

"少拍马屁！"申筝奕笑道。

路建平懒得理会他们斗嘴，催促道："抓紧时间再看看，咱们还得去监控室那边呢。"

正说着，路建平看到角落里的几个展架好像有些不太一样，于是走近仔细观察了起来。

"嗨，那个是铝合金的架子，一看就是刚焊的。刚才张伯伯不是说了吗，有几个架子要焊接，估计就是这些了。"申筝奕探头一看，对路建平说道。

"这是铝合金的架子吗？"路建平问道。

"我看看……是，肯定没错儿！"申筝奕十分肯定地点点头。

"嗯，我大概知道了。这边差不多了，咱们去看看监控吧。"路建平说着，地走了出去。

地毯为什么能减少噪声？

地毯减少噪声主要是通过两种途径：吸音和减震。声音是由物体振动产生的声波，通过介质（空气或固体、液体）的振荡进行传播。由于地毯表面有很多小孔，声波能够进入地毯绒头的内部，而不会像光滑的地面或硬质铺地材料那样，将声波反射回去并在房间内传播，所以地毯能减少噪声。

神秘讲解员

在路上，尤勇齐挑了挑眉，问道："大化学家，你说你知道了，你知道什么了？"

"现在还不能说，一会儿会告诉你的。"路建平卖了个关子。

"切，那你说他们为什么不用铁架子啊？"尤勇齐换了个问题。

"因为铝合金表面会与氧气反应生成氧化铝，耐腐蚀性更好。"路建平解释道。

"什么是氧化铝？"尤勇齐**刨根问底**。

"**氧化铝是铝的氧化物，性质稳定，**

覆盖在**铝合金**的表面，形成了一层致密的**保护膜**。"路建平**不厌其烦**地解释。

"原来是这样！"申筝奕和尤勇齐点了点头，一会儿工夫他们就走到了监控室门口。

监控室就在一楼拐角的地方，房间的门并没有关。几个人把护目镜、口罩、手套和鞋套摘了下来，路建平礼貌地敲了敲门。

正在和保安一起排查监控的杜兰抬头看见路建平三人，笑着点了点头，看似**不经意**地问道："待展库都看完了？有什么发现吗？"

"没什么发现，才想着来看一看监控。杜兰姐，你这边有什么发现吗？"申筝奕抢先一步，伸头看向监控屏幕。

"也没有什么发现，昨晚到现在只有三个人进过待展库，看来我得去和馆长说一下了。"杜兰说着，像是要起身准备让保安关上回看设备。

"杜兰姐，让我们也看一下吧，除了你之外，

还有谁去过待展库？"路建平好奇地问道。

"看没问题，但是博物馆的监控只能看到待展库的走廊，前不久装修的时候库房内的监控发生线路故障，还没来得及维修，所以只能看到门口。除了我之外，另外两个分别是焊接工和清洁工，都是今天早上进去的。"杜兰解释道。

"库房这么重要的地方，焊接工和清洁工可以**随意进出**吗？"申筝奕突然发问。

"每个展品的展柜都有单独的柜锁，布展期间场地的展架都是在库房直接完成焊接的，B区由清洁工负责日常清理，方便随时展出。是有什么问题吗？"杜兰追问。

"要先看看才知道，那就麻烦杜兰姐帮我们调一下进出待展库的监控吧。"路建平笑着说。

"这是电焊工陈秀城。"杜兰先是调出了电焊工的部分，屏幕里的人并没有带大型设备，只拿了一个很小的工具，戴着电焊面罩。路建平特别留心了一下，陈秀城踏进 B3 待展库是 8 点 10 分，出来时是 8 点 40 分，刚好用了半个小时。

"这是清洁工刘纪明，比陈秀城进入待展库的时间稍微晚了一些。"一个**全副武装**的身影出现在屏幕里，帽子、护目镜、口罩、手套、胶鞋，几乎没有裸露在外的皮肤。他推着一个装了清洁用具的小推车，进入 B3 待展库时是 8 点 50 分，出来时是 9 点 20 分，也是半个小时。

"杜兰姐，昨晚和今早你进出待展库的监控也给我们放一下吧，我做个记录。"申筝奕**笑眯眯**的，目光却直视着杜兰。

"可以呀，稍等一下。"杜兰点点头，又伸手

按了几下鼠标，屏幕上出现了她的身影。

杜兰的监控视频一共有两段。昨天晚上看起来一切正常，进去检查的时间也和之前她的描述相符。今天早上进待展库的监控内容看起来风平浪静，只是没过两分钟她就夺门而出，惊慌失措地跑出了摄像头的监控范围。

"还需要再看一遍吗？"杜兰平静地问道。

"不用了，谢谢杜兰姐。"路建平本想再看一眼的，但是他感觉到身后有一只手偷偷地拽了一下他的衣服，是申筝奕。

虽然不知道她要干什么，但长久的默契让路建平下意识地选择相信同伴，所以他当机立断地表示不用再看了。

"那我就去找馆长了，你们也没发现什么，现在看来还是要报警的。今天的展览不得不取消了。唉，馆长一定很难过。"杜兰说着，再次站起身，离开了监控显示器。

"正好我们也要去找张伯伯，一起走吧，杜兰姐！"申筝奕笑着说道。

这下子路建平真的是丈二和尚摸不着头脑了，明明是申筝奕跟他暗示不用再看监控。他以为她是有了新的发现，想避开杜兰分享给他和尤勇齐。没想到现在她又主动和杜兰一起走，真不知道申筝奕到底在想什么。

休息区在整个博物馆的另一侧，刚出监控室，申筝奕就凑到了杜兰身旁，她愁眉不展地问："杜兰姐，之前两次'生命之树'胸针到 H 市来展览，都是什么时候啊？"

"上一次展出是从去年的 8 月 7 日开始，到 8 月 12 日结束。"杜兰回答得很快，好像这个问题的答案深深刻在她的脑海里一样。

说完之后，杜兰似乎意识到了什么，笑着又补充了一句："这个胸针很特别，又只在 H 市展出过，我就更关注一些，记得也比较清楚。"

"只在 H 市展出过？为什么啊？"尤勇齐好奇地问道。

路建平发现杜兰听到这个问题之后脸色有一瞬间的失常，但是很快就平静了下来："好像是为了纪念什么人吧，具体的我也不是很清楚。"

看着杜兰**闪烁其词**的样子，几个人都识趣地没有再问。

到了休息区之后，张馆长神色焦急地迎了上来："监控有拍到什么吗？"

"馆长，监控这边没什么异常，只有我、陈秀城和刘纪明三个人进入过待展库，能找的地方也找过了，您看怎么办？"杜兰说。

"你先去安抚一下馆员们吧，我再想想办法。"张馆长失望之情**溢于言表**，但还是强打起精神对杜兰说。

杜兰点了点头，走向了正聚在一起聊天的员工，大家好像都很信服她，气氛很快变得**其乐融融**。

39

"张伯伯，我有几个问题想问您。"申筝奕确认杜兰走远后，拉着张馆长走到一旁安静的地方。

"是胸针有什么发现吗？你问吧！"张馆长明显兴奋了起来。

"'生命之树'胸针是只在 H 市对外展出过吗？为什么呢？"申筝奕把她和尤勇齐刚才问杜兰的问题，又对张馆长问了一遍。

"这个问题你还真问对人了。当年北方遗址发掘的时候，有一个墓室并不符合伦琴王朝的墓室结构特征，所以在刚开始的发掘过程中被忽略了。后来是 H 市的一位考古学家力排众议，坚持在那个位置继续发掘，这才发现了隐藏的墓室。'生命之树'胸针就是在这个墓室被发现的。"张馆长回忆起过往，变得滔滔不绝起来。

"只是后来这位考古学家在发掘工作中出了意外。本来那次发掘的成果是不对外展出的，但为了纪念他，这才会不定期地来 H 市进行部分展出。每次'生

命之树'胸针都会作为最重要的展品参展，今年应该是出土以来的第二次了。"张馆长有些唏嘘，摇了摇头说道。

"我记得杜兰姐是历史系的博士吧，为什么会来 H 市做讲解员呢？而且她好像已经在咱们 H 市博物馆待了好多年了，是不是？"路建平也问出了心头的疑惑。

"杜兰是个真正热爱历史的好姑娘，这样的年轻人实在太难得了！她博士刚毕业不久就来了博物馆，一待就是这么多年，从来没嫌这份工作清苦烦琐。杜兰不仅做讲解员，还负责很多展品的研究。"提起杜兰，张馆长显然非常满意。

　　"对了，她来博物馆，正好是'生命之树'第一次在 H 市博物馆展出的那年夏天，算起来，**已经有十年了吧，时间过得真快啊。**"张馆长像是又想起了什么，随口提了一句。

　　这句话一出，路建平和申筝奕立刻对视了一眼，他们脑海中都闪过了同一个念头。申筝奕眼珠一转，突然捂着肚子说："张伯伯，我忽然肚子疼，我先去趟卫生间。"

谜题

① 陈秀城拿的工具是做什么用的？

② "生命之树"胸针为什么只在 H 市展出？

沉默电焊工 5

  申筝奕说完，不等大家反应就跑开了。路建平看得清楚，她走的时候做了一个打电话的手势，于是路建平把话头接了过来。

  "张伯伯，我目前有几个方向需要调查清楚，您带我去找一下焊接工人吧。"路建平把张馆长的注意力拉回到自己身上。

  "行，我带你们去找小陈。"提起找胸针，张馆长立刻打起了一百二十分的精神。

  "这个陈秀城您熟悉吗？"路建平**旁敲侧击**地询问着。

　　"当然了，小陈是博物馆长期聘用的兼职焊接师傅，他这个人哪儿都好，就是太较真。我说按月结算他不同意，我说多打点折他也不同意。这都合作多少年了，还要当场结款。不过他的手艺确实好，所以这些我就不怎么计较了。"张馆长一边带着两个人走向休息区的角落，一边回忆着和陈师傅有关的事情。

　　"这么说，陈师傅很看重钱吗？"路建平**顺水推舟**地问道。

　　"倒也不能这么说，他家里情况不太好，老人常年卧病在床，他则白天黑夜打两份工。所以我一般都会给他一个比市场价高一点的价格，有轻松的活儿也都找他。"张馆长有些感叹地说道。

　　说话间，几个人已经到了陈师傅面前。陈师傅一手拿着电焊面罩，一手揣在口袋里，好像攥着什么东西。他**黝黑**干瘦的脸上写满了艰辛，目光没有聚焦，不知道在想些什么。他身上的工作服磨损得厉害，

但仍然算得上干净整洁。

路建平注意到，陈帅傅的脚在地上有些机械地来回搓动，像是焦急不耐烦的样子；脚边正放着路建平和尤勇齐在监控里见过的焊接枪。

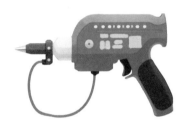

张馆长清了清嗓子，开口道："小陈啊，这两位是……"

路建平生怕张馆长说出他们的身份引起陈秀城的防备，于是赶紧自报家门。

"我们是北城博物馆的学生志愿者，过来帮忙布展。最近北城博物馆里也有一批架子要焊接，张馆长说他认识一位陈师傅，手艺又快又好，看来就是您了？"

陈秀城打量了他们几眼，显然是相信了路建平

的说辞，表情也变得柔和了许多。

"焊哪种架子？有什么工艺要求？只要能现结账，我都能接。"陈秀城的声音带着常年沉默形成的沙哑，也有着对自己手艺的自信。

"张馆长，您这边还有需要焊接的不锈钢架子吗？我们馆里这一批都是不锈钢的材质，我想看看陈师傅的焊接方式。"路建平笑着问张馆长。

听见路建平没有叫自己张伯伯，张馆长稍加思索就明白了他的用意，随即不露声色地说："有啊，正好还有两套。陈师傅，试试活儿吧？"

"今天不行。"不料，陈师傅却拒绝了。

"为什么？"张馆长可不想偷走胸针的是这个合作多年的焊接工人，忍不住刨根究底起来。

"今天说好只焊铝材，我只带了焊接铝合金的工具。"陈师傅惜字如金，简短地解释了一句，又沉默下来。

听了这句话，路建平反而放松下来，他顺着陈师傅的话说道："没事儿，我看见待展库的架子了，您焊接的手艺确实**炉火纯青**。对了，您早上去焊架子的时候，有没有注意到中间的架子？我刚才去看的时候，好像那个架子也需要焊一下。"

陈师傅皱着眉头，似乎在回忆，然后摇了摇头，说道："张馆长说了，这个活儿只需要把几个架子焊在一起，他都给我收拾到东边靠墙的地方了，我去了就干活儿，干完就走了，也没注意别的。"

"您工作时真专注，中间那个架子上的花瓶那么显眼，您都没看见。"路建平其实已经打消了对陈师傅的怀疑，不过常言道**兵不厌诈**，谨慎一点总是没错的。

"我着急回家，没啥好看的，再说每次焊架子张馆长都给我放在东边，习惯了，**东张西望**的也不合适。"陈师傅的口吻略带生硬，好像很急着结束对话。

路建平点点头，刚想叫尤勇齐去找下一个怀疑

对象，陈师傅却在这个时候站了起来，刚好和尤勇齐撞个满怀。

尤勇齐的身体像头小牛一样壮实，把陈师傅放在兜里那只手撞得从兜里滑了出来，连带着手里的瓶子也跟着落在了地上，咕噜咕噜滚到了路建平脚边。

瓶子里似乎有东西在相互碰撞，发出哗啦啦的声音。没想到滚到路建平脚边后，盖子掉了，滚出了两颗"金豆子"。金色的光芒映入四双眼睛，这一瞬间，在场的四个人都沉默了。

最先反应过来的是陈师傅自己，他一个箭步冲过来捡起地上的金豆子装回了瓶子里，然后珍而重之地放进兜里。

"张馆长，没什么事我就回家了。"陈师傅完

全没有要解释这些金豆子来历的意思，而是 *自顾自* 地和张馆长说话。

"小陈啊，你这金豆子是——？"张馆长急得脸都白了，要不是路建平扶住了他的胳膊，他怕是要把胸针的事儿说出来了。

"家里老母亲过生日，我昨天买了两颗金豆子想送她，今早下了夜班就过来了，所以想早点回去。"陈师傅抿了抿嘴角，还是说出了原因。隔着衣服也能看出来他揣进兜里的手正在暗暗用力，好像生怕一个不留神再掉出来。

"陈师傅，还得麻烦您再等会儿，刚才张馆长又想起来几套架子需要焊一下。不过您放心，很快就收拾出来了。"路建平笑着点点头，没有再问金豆子的事情，而是扶着张馆长转身离开了这个角落。

不等张馆长问，憋得 *心急火燎* 的尤勇齐就忍不住了，他压低声音问道："化学家！他有焊枪，还有金豆子，早上也去了待展库，是不是……"

"你是想说，是不是他把胸针熔了，然后弄成了金豆子，这会儿急着携带赃物潜逃？"路建平抢先一步，替尤勇齐说出了后半句话。

尤勇齐拼命点头，脸上带着止不住的焦急。

"你别急了，不是陈师傅。"路建平气定神闲地说。

"你是怎么知道的？"尤勇齐按捺不住好奇。张馆长虽然没他这么沉不住气，但是看过来的眼神也带着催促。

"第一，你记不记得'生命之树'胸针有多重？"路建平问。

"八十几克吧……你是说，那瓶金豆子目测最多只有十克，重量对不上？"尤勇齐恍然大悟。

"没错，就算是分开装的，陈师傅身上也没那么多地方装下这些瓶子。最重要的是，今天他焊接的是铝合金架子，而胸针是黄金制品，这两种物质的熔点不一样，黄金的化学稳定性和熔点都要高于铝。"

路建平接着分析道。

"化学稳定性是什么？"尤勇齐**好奇**地问。

"化学稳定性是物质在化学因素作用下保持原有物理化学性质的能力。"路建平解释道。

"黄金的熔点是 1064 ℃，铝的熔点是 660 ℃，铝合金的熔点一般还要低于纯铝；而且咱们在监控里看到，陈师傅也没有携带别的大型工具，所以他是没办法把黄金熔化的。"路建平肯定地说道。

1064℃   660℃   1500℃

"你问不锈钢展架的事情，是因为不锈钢的熔点比黄金还高？"尤勇齐立刻反应了过来。

"对，钢的熔点在 1500 ℃左右，如果他能焊接钢材，那就不能排除他的嫌疑了。"路建平给尤勇齐竖了个大拇指。

　　"我本来想确认一下陈师傅进入待展库的时候胸针还在不在。不过他太专注了，又急着回家，所以没有注意到。"路建平叹了一口气。

　　"建平，那咱们接下来去哪？"在一旁当了很久听众的张馆长这时候有些**喜忧参半**，忧的是胸针还是没有找到，喜的是路建平的破案能力还是一如既往地值得信任。

　　"张伯伯，您再带我们去找一下清洁工吧，结果应该很快就能揭晓了。"路建平**胸有成竹**地说。

谜题

3 申筝奕为什么突然离开？

4 为什么路建平会提到不锈钢展架？

奇怪清洁工 **6**

张馆长听了路建平的话，**眼睛都在放光**，他说道："你们过来前不久，那个清洁工才把卫生间的下水道修好，现在又去打扫休息区的卫生间了。要等他出来再说吗？"

"这个清洁工也是咱们博物馆长期合作的吗？"路建平忽然问道。

"不是，博物馆的清洁工今天请假了，他叫刘纪明，是来替班的。"张馆长回答说。

"好的，我知道了。张伯伯，您直接带我们去就行。"路建平点了点头说道。

休息区占地面积并不大，一行三人很快就到了
卫生间门口。门还是锁着的，那股味道已经淡了很多。
路建平止住了尤勇齐想要敲门的动作，从包里翻出
了新的口罩、手套和护目镜，也给尤勇齐和张馆长
各拿了一套让他们戴上。

"这是要有什么大动作吗？"尤勇齐边武装自
己边问道。他已经习惯路建平随身携带的这个像哆
啦A梦口袋的书包了。

"我怀疑这个人可能配制了王水。"路建平简
明扼要地回答。

"王水？就是你早上讲到一半的那个？"尤勇
齐饶有兴致地接着问道。

55

"对，王水是一种腐蚀性非常强、冒黄色雾的液体。"路建平也有些感叹，就是这么巧，早上刚看完，现在就遇到了。

戴好防护装备后，路建平有些严肃地说："张伯伯，您给副馆长或者主任打个电话，注意看一下博物馆的工作人员有没有呼吸不畅的，顺便再把新风系统调到最大。再麻烦您请他注意一下杜兰姐，尽可能别让她单独行动。然后再叫一个保安过来。"

此话一出，张馆长的脸色顿时严肃了起来，转身拨通了电话。

等他打完电话，路建平又和张馆长耳语了几句。很快保安也赶到了，所有人都佩戴好防护装备后，路建平敲了敲卫生间的门。

卫生间里传来了一个**低沉**中带着沙哑的男声："卫生间正在维修，暂停使用，展厅那边的最好暂时也别用，去二楼吧。"

路建平朝张馆长点了点头，然后拉了拉尤勇齐

的袖子，指了指墙边的位置；尤勇齐**心领神会**，靠在了墙边，给路建平也留了一个身位。

张馆长清了清嗓子："小刘，我是张馆长，好几个员工和我反映二楼那个卫生间突然也堵了，麻烦你先去二楼看看吧。"

门里突然安静了，不一会儿，刘纪明**闷闷地**回应："好的张馆长，您稍等一下。"

"我就先上去了，你抓紧来二楼吧。"张馆长说完也没有走，而是站在了卫生间门后靠墙的位置。保安也随着躲了起来。

路建平和尤勇齐背靠着卫生间门另一侧的墙站好。只听"咔哒"一声，卫生间的门朝外打开了，清洁推车先从门里出来，路建平一眼就看到了放在下层的一个包着棕色纸的塑料桶，桶还封着口，路建平的心**怦怦直跳**。

卫生间门后有弹簧，门被慢慢收了回来，在推车上摩擦。推车的人不得已停了下来，松开一只手

抵着门，另一只手把车往斜前方慢慢送了出去。路建平一边蹲下来，一边轻手轻脚地顺着力道往外拉着推车，某个瞬间感觉到车上的拉力松开的时候，他猛然发力把推车稳稳地送到了尤勇齐手里，尤勇齐接力赛一般把车拉到更远的地方。

"呼……"总算是让王水离开了嫌疑人，在站起身来面对这个不一般的清洁工之前，路建平大大地松了一口气。

紧接着，尤勇齐大喊一声"上啊!"，就和保安一起将刘纪明压在了地上，两个人七手八脚地把他制伏了。清洁工用嘶哑的声音问道："馆长，这是干什么呀?"

"干什么?你胆子太大了?王水也敢自己在卫生间配制。"路建平心有余悸地说。

刘纪明沉默了一会儿，隔着厚厚的防护镜和口罩，谁也看不清他脸上的神色。许久之后，他的声音才再次响起："我不知道你在说什么。"

新风系统的功能是什么？

新风系统的主要功能是排出室内的污染气体，净化空气、补充氧气，使室内处于恒温、恒湿、恒氧状态。通过循环室外新鲜空气，实现室内外不开窗的通风换气，保持室内空气清新和洁净。

揭开真相 7

保安把刘纪明绑上，一行人回到了休息区。人们看到这一幕，开始议论纷纷。路建平这才带着怒意地说："王水都敢配！"他实在是不能理解这个人如此胆大包天。

"博物馆公布了即将展出的展品的介绍资料，黄金胸针惊人的重量让你动了心，所以你设计让博物馆原本的清洁工请假，又想办法替班，获得了进入博物馆的机会。"

"我听不懂你在说什么。"刘纪明冷冷地说。

"是吗？张馆长应该有原来的清洁工的联系方

式，不如我们现在就打电话问一问吧！"路建平说着，看向了张馆长。

张馆长点了点头，拨通了博物馆清洁工小周的电话："小周，今天替班的刘纪明你认识吗？嗯，好的，我知道了。"张馆长挂了电话，看向了对峙中的三个人，说道："小周说，他今天出门发现车坏了，在工友群里抱怨了一下。这个刘纪明就说可以帮忙替班，等小周休息再去他工作的地方替回来，这样两个人的全勤都不耽误。小周也不知道刘纪明是什么时候加入的工友群，但事发突然，只有拜托他了。"

"哦，是这样啊，你甚至都不用花钱买这个机会，半个月前博物馆开始发布展品信息，你的动作还真快。"路建平讽刺地说。

"就算我是主动替班，也没有你说的什么王水。"刘纪明仍在**狡辩**。

"你当然没有现成的王水，所以你把浓硝酸和浓盐酸伪装成清洁剂带了进来，故意造成卫生间堵塞

的假象，把卫生间变成了临时化学实验室。但是你没想到，杜兰那时正在卫生间。你在男卫生间配制试剂，杜兰只是转头看了一眼，她的眼睛就受到了刺激，因为配制王水时生成的含有氯气的气体刺激性很强，这就是她的眼睛一直很红的原因。"

"氯气是什么？会让人中毒吗？"尤勇齐忍不住多问了一句。

"**氯气**是黄绿色，有强烈刺激性气味的**剧毒气体**。所以我才让大家注意防护。"路建平回应道。

"这不过是你的猜测，你有什么证据？"刘纪明生硬地反问。

路建平被刘纪明的坚决抵抗气笑了，他走到放着瓶瓶罐罐的清洁推车前，**仔细地**看着车上面放着的物品，忽然把视线停在了一个装着透明液体的塑料瓶上。

"勇哥，帮我找几个铁钉来。"路建平对尤勇齐说。

尤勇齐飞快地把铁钉找了回来，按照路建平的嘱咐把铁钉放进了这瓶透明液体里，只见铁钉上冒出了一连串的气泡，液体也很快变成了浅绿色。

"这是你配制王水剩余的盐酸吧，盐酸和铁反应生成了氯化亚铁，所以溶液才会变成浅绿色。"

说完，路建平又从自己的包里**翻出**了一个注射器，到卫生间气味更浓烈的地方抽了一管气体，回到休息大厅，看着刘纪明说："如果我说的没错的话，这管气体中的氯气和氯化亚铁产生化合反应，生成氯化铁，这瓶溶液的颜色就会变成黄棕色。"

眼看着刘纪明的脸色逐渐**惨白**，路建平将注射器内的气体排入瓶子内的浅绿色溶液中。果然，随着气体一点点进入瓶内，浅绿色的溶液慢慢变成了黄棕色。

"现在，你还有什么话说？"路建平冷笑着反问刘纪明。

"你提前半个小时把王水配制好，又到待展库把胸针放进了王水里面溶解，然而过程中推车被电线硌了一下，溶解胸针的王水液面比较高，不小心溅出来了一滴，落在了地毯上，所以我们在待展库的地毯上发现了一个刚刚被腐蚀的小洞。你可能不知道自己还留了一个痕迹在待展库里吧？"路建平慢慢地推导着刘纪明的犯罪过程，从容不迫的语气，却让刘纪明额头开始渗出了细汗。

"王水反应发出的味道太大，你怕在待展库待太久被发现，又回到了卫生间继续假装疏通管道。等反应完成之后，你又担心在一个卫生间待得太久会引起怀疑，所以转移到休息区的卫生间，同时还警

告大家不要使用展览区的卫生间。"路建平说到这里，**怒极反笑**。

"我该说你是 *良心未泯*，害怕别人中毒，还是该说你小心谨慎，怕别人中毒了会把你牵连出来？不得不说，清洁工这个身份实在是 *天衣无缝*，一个疏通堵塞下水道的人，哪怕包得再严实，也不会让人觉得奇怪。这样你不仅不会中毒，还能把痕迹都抹掉，我说的对吧？"

"你真的很会编故事，连我都要相信了，我一个清洁工，怎么会懂得这么多跟什么王水有关的知识，怎么在半个月内计划这个方案呢？"刘纪明仍然不停狡辩。

"那当然是因为你并不是一个清洁工啊，对吧，刘恒！"回答这个问题的，是终于回到伙伴身边的申筝奕。她这句话一说出口，对面的人明显后退了半步。

申筝奕却**步步紧逼**："你自己开了一个金店，有过几次用王水'偷'顾客金子的案底，因为金额都不高，所以只是被拘留过。这次你改了名字来博物馆，要不是本姑娘机灵，还真的把你给漏过去了！"

"你刚刚问的也是我产生过疑惑的地方，现在我的伙伴回来了，这一环也补上了，你还有什么话说？"路建平用眼神欢迎了一下申笋奕。

"……万万没想到，我一时疏忽，让你们几个**乳臭未干**的毛头小子坏了我的大事！"刘恒无话可说，**恼羞成怒**地瞪着他们。

"我们坏不坏你的事，也不影响你**自作自受**，你认为自己的嗓子为什么这么沙哑？那是呼吸道受损的表现。你的眼睛难道没有不舒服？鼻腔没有很

疼？你真的以为王水是那么好碰的吗？"

路建平摇了摇头，总是让人盲目。

"既然说到这里，我还有最后一个疑惑。我本来以为你会用王水把展架的锁腐蚀了后再把胸针拿出来。但是我检查的时候发现，展柜的夹丝玻璃没有损坏，锁也完好无损，你是怎么做到的？"路建平好奇地问道。

"哼，我本来是打算像你说的那么干，但是我进去的时候，那个展柜根本没有锁，我很轻松地就把胸针拿出来了，具体怎么回事我也不知道。"刘恒已经放弃抵抗了，没有再辩驳什么。

路建平耸了耸肩说道："你的确是疏忽了，

不过和我们可没关系，你洗了那么多年金子，难道就没发现，这个溶液颜色不对吗？"

"什么意思？"刘恒满脸疑惑地抬头。

"我的意思是说，你费尽心思偷走，又冒着中毒危险用王水溶解掉的那枚胸针，是假的。"路建平语不惊人死不休，抛出了一枚重磅炸弹。

你知道夹丝玻璃吗？

夹丝玻璃又被称作防碎玻璃。它是将普通平板玻璃加热到红热软化状态时，再将预热处理过的铁丝或铁丝网压入玻璃中间而制成。它的特性是防火性能优越，可遮挡火焰，高温燃烧时不炸裂，破碎时不会形成碎片伤人。

重获胸针

8

这枚炸弹威力不俗，刘恒怎么想暂且不论，张馆长却是喜出望外。

"建平，你是说胸针没有被毁吗？"张馆长在旁边听了这么久，几乎要心灰意冷。这个时候突然听到路建平说被王水溶解掉的那个胸针是假的，简直是喜从天降。

路建平带众人到推车旁边，随手撕掉了一圈棕色包装纸，塑料桶里，液体绿意盎然。

刘恒却突然崩溃了一样大喊："不！不可能！怎么可能是绿色的？"

尤勇齐悄悄地提出了自己的疑问："绿色的怎么了？应该是什么颜色？"

"王水溶解黄金，溶液应该是黄色的，现在颜色是绿的，说明溶液里有铜离子，所以这枚胸针的材质是铜或者铜镀金，不是真的黄金。"路建平解释道。

"铜离子是什么？"尤勇齐还是不太理解。

"**铜离子**是由铜原子失去两个电子得到的，通常显蓝色。"路建平给出了答案。

此时，路建平没有再管这个笨贼，而是把注意力放在了一个正想悄悄离开的身影上。

"杜兰姐！你愿意告诉刘恒，为什么他这么顺利就拿到了胸针，又为什么拿到了一枚假的胸针

吗？"路建平叫住杜兰，等待她的回应。

"建平，你比我想象的还要聪明。"杜兰并没有像刘恒一样**负隅顽抗**，她只是安静地笑了笑。

"是在去年你住的那个房间吧，真正的'生命之树'胸针？"虽然是疑问的语气，路建平却十分笃定。

"我能知道你是怎么发现的吗？"杜兰没有否认，而是轻轻地问。

"我们还是先把胸针取回来，让张伯伯把心放下吧。"路建平叹了口气。

"张伯伯，胸针应该就在博物馆钟表馆旁边的维修室里，您让人去找一下吧。"路建平对张馆长平静地说。

张馆长立刻亲自带人去找了，半个小时的工夫，只见他**健步如飞**地回来，戴着手套的手中正捧着一个精致的盒子，盒子里装着**失而复得**的胸针。

看到这枚胸针，路建平却满脸失落，他深深地看了一眼这个曾经做过自己"师父"的大姐姐，张了张嘴却什么都没说出来。

申筝奕看出了小伙伴的难过，接过了解释的任务："一开始，我们并没有怀疑杜兰，直到我们发现磁卡和展台上都有**相似**的划痕，路建平告诉过我们，黄金的硬度很低，是不会造成这样的痕迹的。在看监控的时候，我注意到昨晚和今早，杜兰在进出待展库的时候，口袋里都有一个凸起，昨晚进去的时候，凸起在左边，出来的时候就换到了右边。但是今早，她进入待展库和出来，凸起的位置都在左边。"

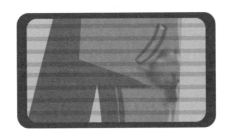

"根据对胸针大小的描述，我觉得胸针的形状和她口袋里的凸起很**吻合**。但一开始我觉得这只是

个巧合。直到后来，我们提到'生命之树'的展出历史的时候，杜兰姐的情绪十分不正常，特别是她对去年胸针展出的时间脱口而出，哪怕是再出色的讲解员，应该也不会对某一件展品有这么强烈的情感。"申筝奕说到这里，情绪也有些低落。

"所以之前张伯伯说了这枚胸针和 H 市博物馆的渊源之后，你离开是去调查了吗？"尤勇齐问道。

"对，我拜托家人查到了：那位为了这枚胸针不幸发生意外的 H 市考古学家，叫杜威靖，也就是杜兰的父亲。"

"够了！"杜兰突然冷喝一声。

"对，是我，我做了一枚假的胸针，把真的换出来了，现在真的你们也找到了，我认罪，可以了吗？"杜兰的眼睛又红了，但这次不是因为化学物质的刺激，而是因为愤怒与悲伤。

"杜兰姐，我很抱歉，但是我必须让大家知道真相。"路建平轻轻地对杜兰说。杜兰听见他的话，

把头偏向了另一侧。

"父亲因为这枚胸针永远离开了她，这枚胸针寄托了她对父亲的思念。"路建平娓娓道来。

"但是这枚胸针并不对外展出，所以一直以来，杜兰姐只能把这种复杂的感情深埋在心里。而杜兰姐也走上了和父亲一样的路，成为一名历史博士。到这里，其实还只是一个关于成长和怀念的故事。"路建平有些不忍，但还是继续说了下去。

"直到十年之前，'生命之树'胸针第一次展出，是为了纪念杜兰姐的父亲。她意识到，只有在 H 市博物馆，才能接触到这枚胸针，不管那个时候她有没有计划，这份执念都让她放弃了一切，来到 H 市博物馆成为一名普通的讲解员。"

"'生命之树'胸针的第二次展出是去年，杜兰姐之所以对 8 月 7 日这个日子记得这么清楚，是因为……"路建平说到一半，就被打断了。

"是因为那是我父亲的忌日，整整九年，我一

直在想怎样才能**告慰**父亲的在天之灵，去年展出的时候，我故意让监控短路，晚上**偷偷把**胸针拿出来，早上再放回去，用了几个晚上，做了个模具，然后用铜镀金复制了一枚一模一样的胸针，留在身边当作寄托。"

"其实拥有这枚复制品就够了，像爸爸陪在我身边一样。今年这枚胸针再展出，我也只是想和它告个别，没想到我换出来的时候忘记锁展柜，又碰到一个蠢贼。"杜兰**轻蔑地**瞥了一眼刘恒，发出一声苦笑。

"早上我发现展柜空了的时候，其实有过一瞬间的想法，是不是这枚胸针能永远属于我了？但是没想到，你这么快就把我从梦中叫醒了。"杜兰终于看向了路建平，眼里却没有恨意，有的只是轻松和**钦佩**。

"建平，你很了不起，你和你的小伙伴们都很了不起，我其实应该谢谢你们，我被这枚胸针困住

了十年，到现在梦醒了，我也该过自己的人生了。"
一滴眼泪顺着杜兰通红的眼眶落了下来。

"杜兰……你这是何苦呢？我一直想培养你接我的班。"张馆长喃喃地说。他手中，那枚**重见天日**的胸针还在盒子里闪烁着耀眼的金色光芒，但重新找回胸针的喜悦，此时却好像被什么冲淡了。

"张馆长，我很感谢您，这些年如师如父般待我。如果没有这些事情，我在博物馆做一个普普通通的讲解员，应该也会很开心吧。"杜兰说着，眼泪不受控制地**簌簌而下**。

张馆长沉默不语地注视着她。

对来 H 市博物馆参观的观众们来说，似乎一切

都没什么不同，但是对经历了一切的少年侦探团和张馆长来说，这一天却无比**漫长**。

　　杜兰选择了自首，刘恒被**扭送**到警察署，展出并没有受到影响，反而广受好评。展出结束后，北城博物馆和H市博物馆签订了合作协议，每年的夏天，都会交换展品办展，而那枚"生命之树"胸针，则成为交换中十分重要的展品。

　　于是，每年8月，H市博物馆新展出开始的时候，总会有三个身影一起来到中心展厅，在一枚黄金胸针前**驻足许久**。

谜题

⑤ "生命之树"真的被溶化了吗？

⑥ "生命之树"到底在谁手里？

若干天后……

又是一年盛夏时节，张知秋正在自家小院乘凉。几年前他便已经退休，没有了博物馆馆长的担子，日子过得轻松自在。只是，他总会想起一些旧事，几位旧人。

当年的几名小侦探如今已长大成人，原本该有大好前途的杜兰却因为一枚胸针银铠入狱。张知秋曾几次前去探望杜兰，都被她拒绝见面。不知当年那个才华出众的女孩子，如今过得怎么样。

一阵风吹来，掀动了邮递员刚刚送来的晨报，张知秋被上面的一张彩色照片吸引了目光。

照片中有许多孩子，在他们的身后是一名中年女子。她的脸上有抹不去的岁月痕迹，却洋溢着幸福的笑容。

张知秋觉得自己的眼前有些模糊，泪水止不住地滑落，渐渐地把报纸上的字洇开，依稀还能看得出"偏远地区坚持支教，历史老师将数百孩子送出大山"的字样……

解谜时刻

① **陈秀城拿的工具是做什么用的？**
焊接展出需要的铝合金展架。

② **"生命之树"胸针为什么只在 H 市展出呢？**
为了纪念考古学家杜威靖。

③ **申筝奕为什么突然离开？**
离开是为了查找关键信息。

④ **为什么路建平会提到不锈钢展架？**
为了确定陈秀城的电焊是否可以熔化黄金。

⑤ **"生命之树"真的被溶化了吗？**
没有，溶掉的是假胸针。

⑥ **"生命之树"到底在谁手里？**
真胸针被杜兰提前换走了。

图书在版编目（CIP）数据

化学侦探王．博物馆疑云 / 吴殿更著．-- 长沙：湖南教育出版社，2023.11（2024.3 重印）

ISBN 978-7-5539-9875-6

Ⅰ．①化… Ⅱ．①吴… Ⅲ．①化学－青少年读物 Ⅳ．① 06-49

中国国家版本馆 CIP 数据核字（2023）第 213327 号

化学侦探王·博物馆疑云
HUAXUE ZHENTAN WANG · BOWUGUAN YIYUN
吴殿更　著

总 策 划：石叶文化
策划组稿：胡旺　殷哲
出版统筹：朱微　谢觊颖
封面设计：曹柏光
特约编辑：卫世敏　杨帅
责任编辑：丁泽良
责任校对：崔俊辉
出版发行：湖南教育出版社（长沙市韶山北路 443 号）
网　　址：www.hneph.com
微 信 号：湖南教育出版社
电子邮箱：hnjycbs@sina.com
客服电话：0731-85486979
经　　销：全国新华书店
印　　刷：唐山富达印务有限公司
开　　本：880 mm×1230 mm　32 开
印　　张：27.50
字　　数：400 000
版　　次：2023 年 11 月第 1 版
印　　次：2024 年 3 月第 2 次印刷
书　　号：ISBN 978-7-5539-9875-6
定　　价：198 元（全 10 册）

如有质量问题，影响阅读，请与承印厂联系调换。

图书在版编目（CIP）数据

化学侦探王．消失的三娘 / 吴殿更著．-- 长沙：
湖南教育出版社，2023.11（2024.3 重印）
ISBN 978-7-5539-9875-6

Ⅰ．①化… Ⅱ．①吴… Ⅲ．①化学－青少年读物
Ⅳ．① 06-49

中国国家版本馆 CIP 数据核字（2023）第 213330 号

化学侦探王·消失的三娘
HUAXUE ZHENTAN WANG · XIAOSHI DE SANNIANG
吴殿更　著

总 策 划：	石叶文化
策划组稿：	胡旺　殷哲
出版统筹：	朱微　谢觅颖
封面设计：	曹柏光
特约编辑：	卫世敏　杨帅
责任编辑：	龚郁
责任校对：	张征
出版发行：	湖南教育出版社（长沙市韶山北路 443 号）
网　　址：	www.hneph.com
微 信 号：	湖南教育出版社
电子邮箱：	hnjycbs@sina.com
客服电话：	0731-85486979
经　　销：	全国新华书店
印　　刷：	唐山富达印务有限公司
开　　本：	880 mm×1230 mm　32 开
印　　张：	27.50
字　　数：	400 000
版　　次：	2023 年 11 月第 1 版
印　　次：	2024 年 3 月第 2 次印刷
书　　号：	ISBN 978-7-5539-9875-6
定　　价：	198 元（全 10 册）

如有质量问题，影响阅读，请与承印厂联系调换。

解谜时刻

1 嫌疑人是用什么方法，让矿泉水瓶中的过氧化氢溶液快速分解的？

通过阳光和暖宝宝放出的热量。

2 沈叔叔真的只是在系鞋带吗？

不是，他在草丛中妄图销毁证据。

3 嫌疑人制造"爆炸案"是为了偷取小姨的画吗？

不是，"爆炸"是为了吓唬小猫咪，偷画是临时起意。

4 大家所说的"他"指的是谁？

是沈安仁，他上午来过小姨家，并且放下了姜汤面。

5 沈安仁拿到的真的是空画吗？

不是，只是用了小苏打水作画。

6 小姨为什么唯独有一幅画被卷起来保存？

其中藏有小姨的秘密。